2021 drawing practice for make up

Make up Pattern Book

2nd Edition

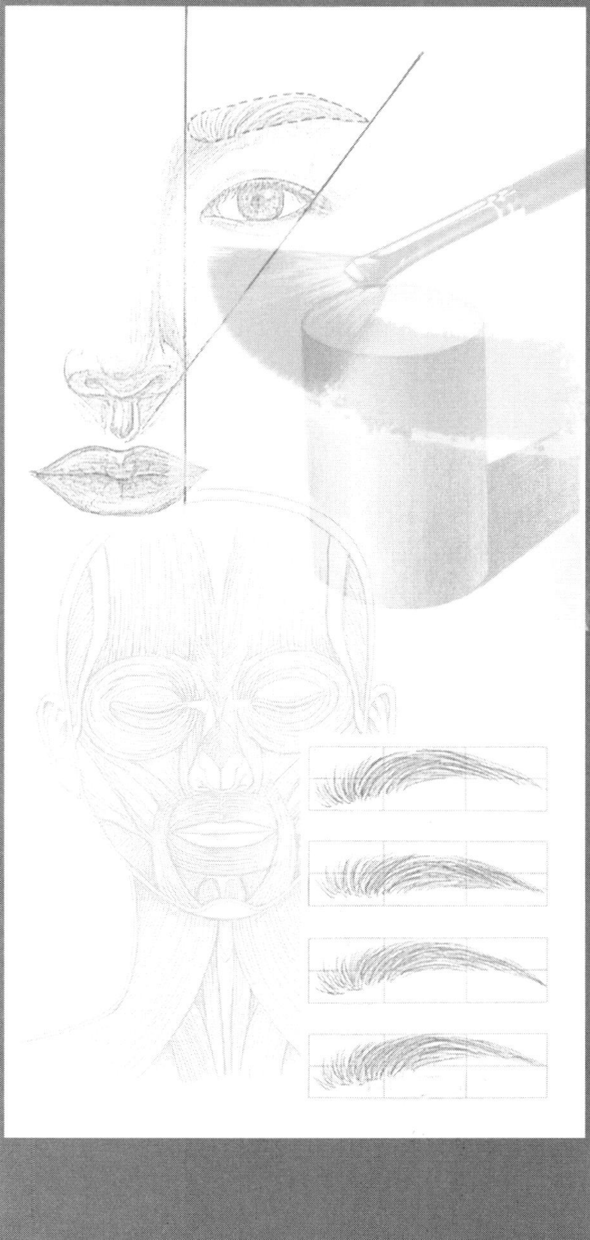

Tae-shin KWON, Hee-eun YOO

저자

권태신 전주 기전대학교 뷰티 디자인과 교수
유희은 서울대학교 의류학과 박사 과정

표지 디자인 by 유희은

머리말

21세기 대한민국 문화예술 분야의 세계화가 눈부시도록 가시적인 성과를 이루어내고 있다. 오스카상 수상, 한류 드라마와 한류스타들이 세계적으로 사랑을 받고 있는 가운데 K- 뷰티 또한 세계 뷰티시장을 리드해가고 있는 시점이 되었고, 이러한 흐름에서 미용을 전공한 학생들과 메이크업 현장에서 활동하고 있는 아티스트들의 자부심과 역할 또한 확장되어가고 있다 할 수 있다.

이에 본 책은 메이크업을 공부하고자 하는 미용학과 학생과 산업 현장의 메이크업 아티스트들이 기본에 충실한 실전을 다지는데 꼭 필요한 핵심 이론과 더불어 메이크업 테크닉을 연마하는데 바탕이 되는 이미지 패턴을 제시하였다. 한 걸음 한 걸음 흔들리지 않고 따라오다 보면 이론과 실무를 겸비한 메이크업 아티스트로 진입할 수 있는 가이드북이 되고자 얼굴의 기본 구조의 이해부터 시작하여 드로잉 연습, 기초 메이크업 패턴, 환타지, 바디페인팅 패턴으로 나아가는 단계별 이미지 패턴으로 구성하였다.

기존의 메이크업 패턴북과 다르게 아이 브로우, 아이새도우 패턴 등에 있어 각각의 기본형을 제시하고 완성된 패턴 뿐 아니라 단계별 라이닝 방법을 보여주고, 기준 스케일선을 제시하여 좀 더 체계적이고 분석적인 메이크업 테크닉을 연습 할 수 있도록 접근하였다.

이 책이 메이크업 아티스트가 되고자하는 미래의 K- 뷰티 리더들이 기본기를 다지는데 조금이나마 도움이 되길 바라는 마음이며, 책이 출판되기까지 많은 격려와 지원을 아끼지 않으신 청구문화사 이상태 사장님과 편집부 여러분께 깊은 감사를 드린다.

2021년 4월
저자 권태신

CONTENTS

Make up pattern book

1. 이상적인 얼굴의 비율

얼굴의 이상적인 비율을 파악하는 것은 메이크업 아티스트가 모델 얼굴의 장점을 부각하고 단점을 수정하는데 필요한 기초 지식이다.

이상적인 가로세로 황금비율 = 1 : 1.618

고대 그리스 이후 가장 아름아운 균형을 만드는 비율로서 선분을 대, 소 두부분으로 분할할때,
큰 부분(a)와 작은 부분(b)이 1 : 1.1618을 이룬다.
따라서 얼굴을 그리기전 가로 세로 비율을 (2 : 3.36 ≒) 2 : 3으로 맞추면 이상적인 얼굴형을 그리는 기초선으로 사용할 수 있다.

가로 : 눈 너비 = 코 볼 너비= 나머지 > 5등분

세로 : 이마 라인~눈썹 = 눈썹~콧망울 = 콧망울~턱 끝 > 3등분

(최근에는 턱 끝을 1/3끝 보다 조금 짧게 잡아 준다.)

1. 이상적인 얼굴의 비율

2. 얼굴의 근육

얼굴 근육의 방향과 결을 파악하는 것은 메이크업 제품의 올바른 도포 방향과 메이크업 도구의 바람직한 사용 방향, 나아가 피부 마사지 동작을 이해하는데 필요하다.

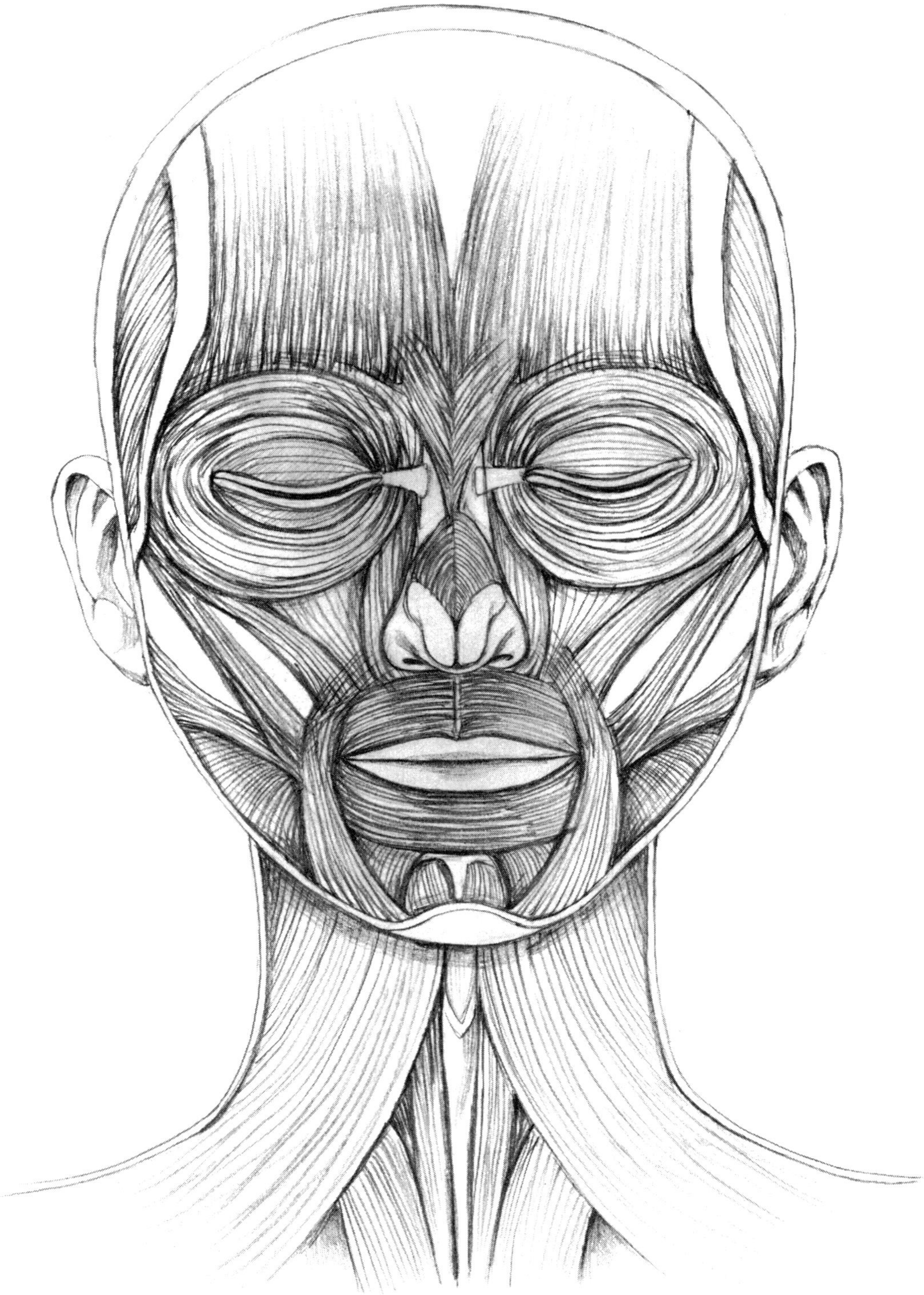

2. 얼굴의 근육

3. 얼굴 기본 음영 표현하기

얼굴의 적절한 부위와 위치에 하이라이트와 쉐딩을 표현하면 하이라이트를 넣은 부분은 진출되어 보이고 쉐딩을 넣은 부분은 후퇴되어 보여 입체적인 얼굴 메이크업을 실현 할 수 있다.

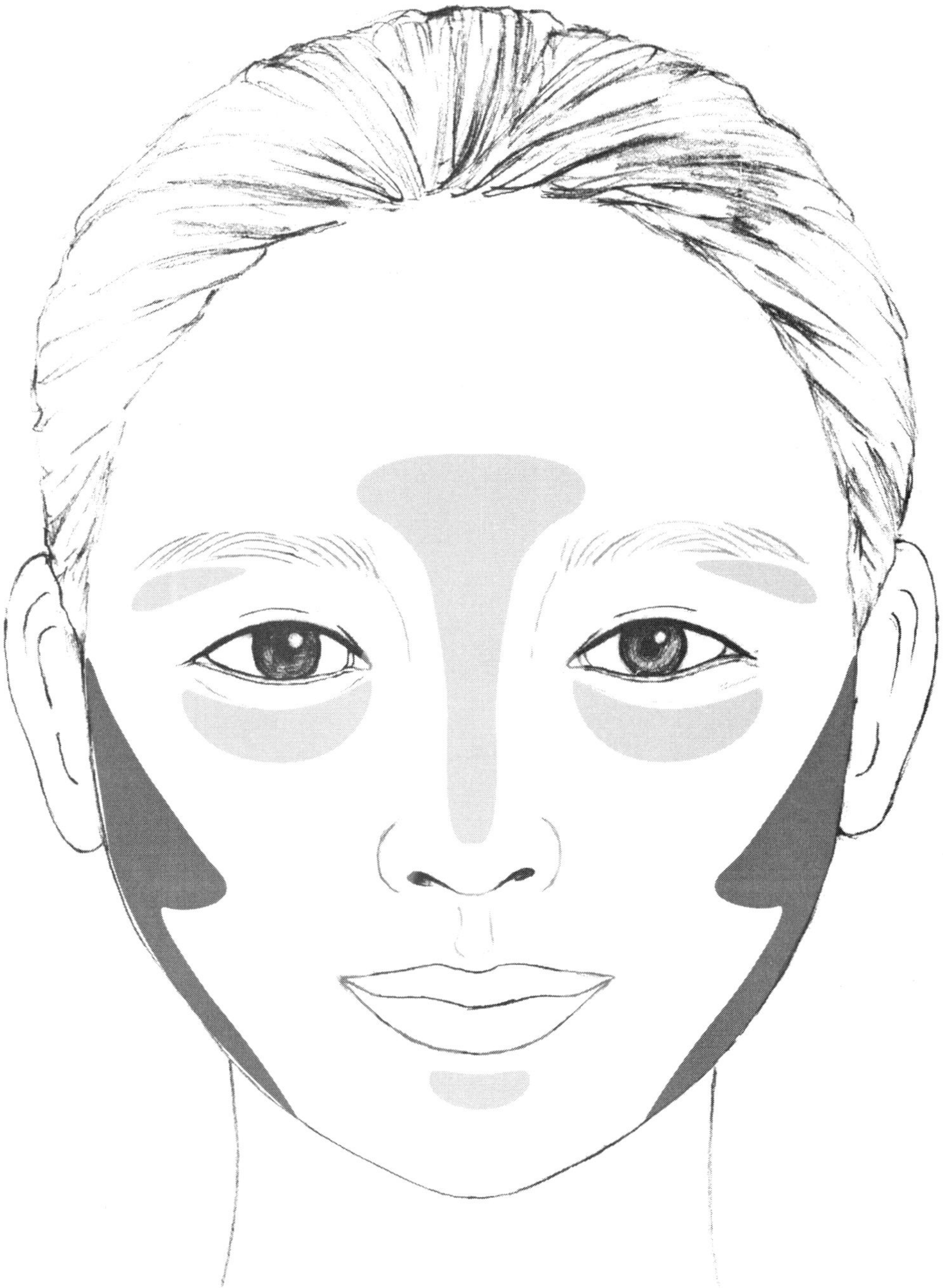

3. 얼굴 기본 음영 표현하기

4. 다양한 선 연습

기본적인 선에서의 강·약 표현을 통해 아이라이너 눈썹 표현 등 메이크업 테크닉의 기본기를 연습한다.

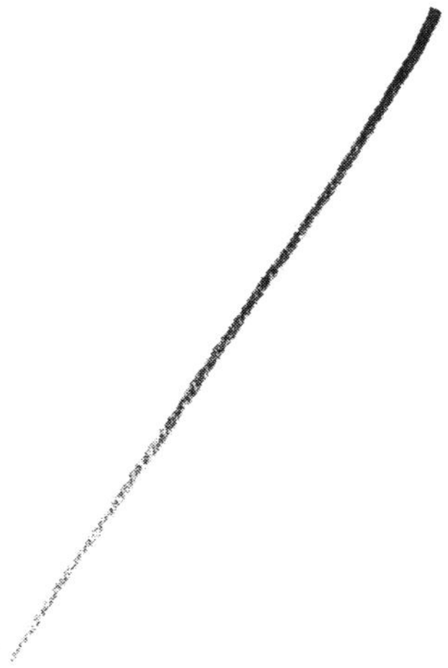

4. 다양한 선 연습

4. 다양한 선 연습

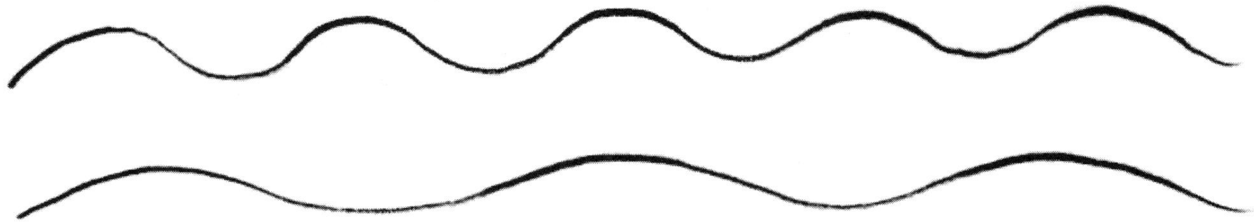

4. 다양한 선 연습

5. 명도 연습

색의 밝고 어두운 정도의 표현 감각을 연습하여 메이크업 명도 표현의 기초를 다진다.

6. 도형을 통한 명암 연습

기본 도형의 명암을 연습함으로써 얼굴 명암 표현의 기초를 다진다.

7. 여러가지 눈썹 패턴 연습

정확한 눈썹의 위치 및 비율은 전체적인 인상을 좌우하며
다양한 이미지 연출에 효과적이다.

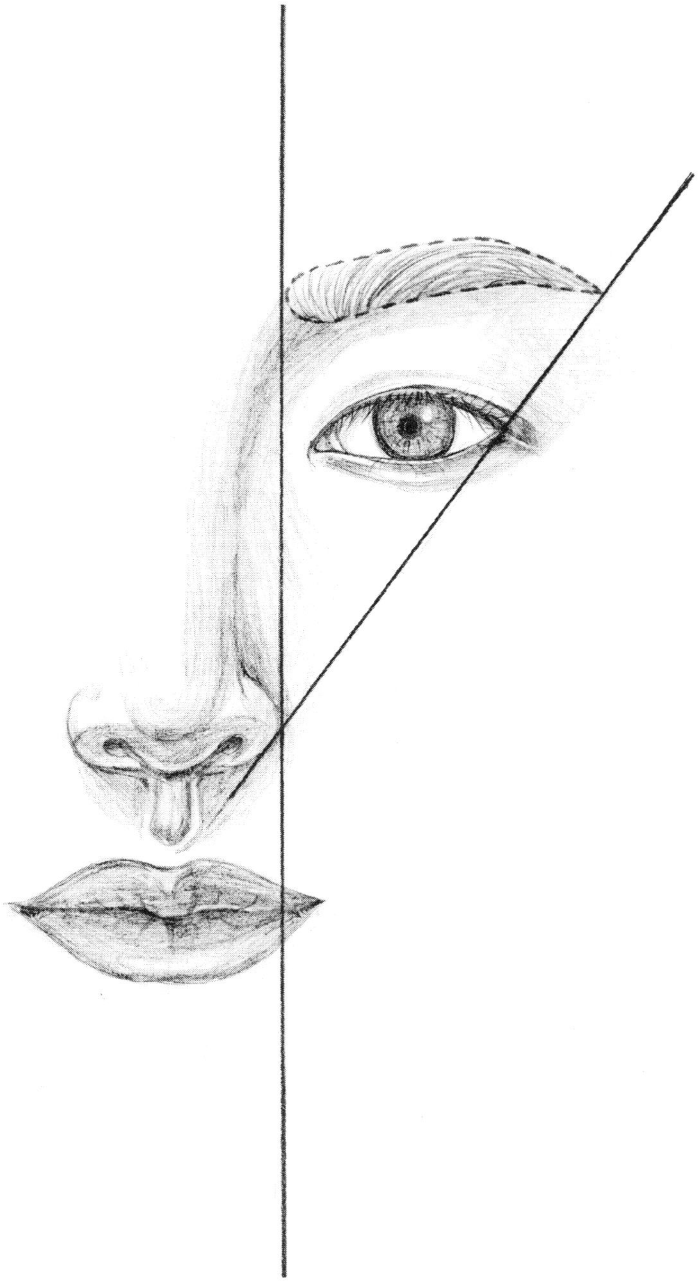

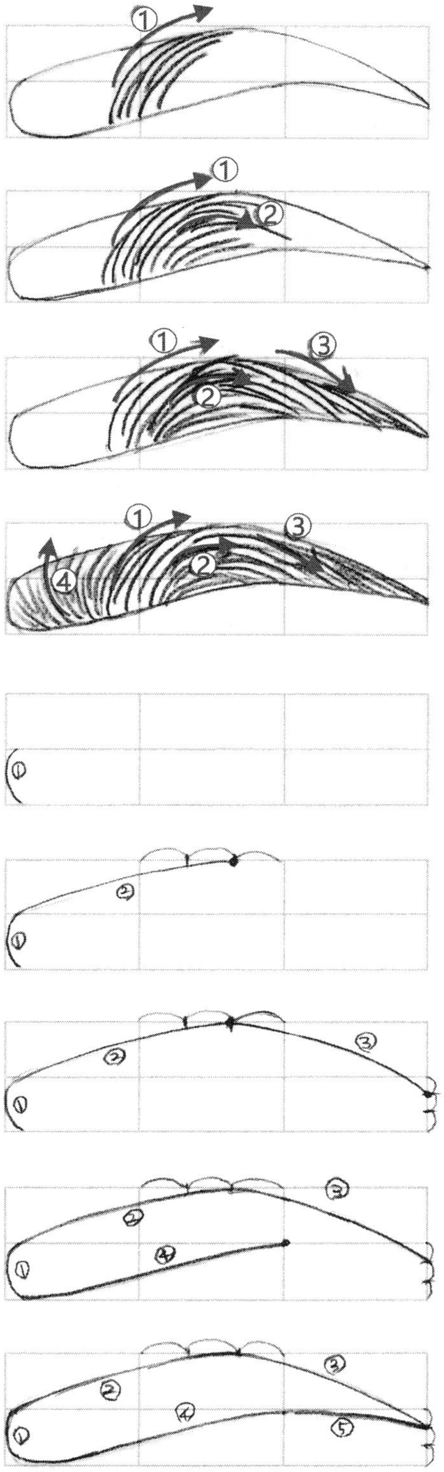

① 눈썹 앞머리 : 콧망울 끝에서 수직선을 그어 눈썹 앞머리 위치를 정한다.

② 눈썹 길이 : 콧망울 끝과 눈꼬리를 연결하는 사선의 연장선에서 눈썹 꼬리점을 정한다.
길이는 눈의 길이보다 짧지 않아야 한다.

③ 눈썹 산의 위치 : 결정된 눈썹 길이의 2/3지점에서 조금 앞쪽에서 눈썹 산의 위치를 정한다.
(눈동자 바깥선에서 직선으로 올려 만나는 지점)

7. 여러가지 눈썹 패턴 연습

표준형 눈썹 : 가장 기본적인 눈썹의 형태로 모든 얼굴형에 무난하게 적용 가능하다.

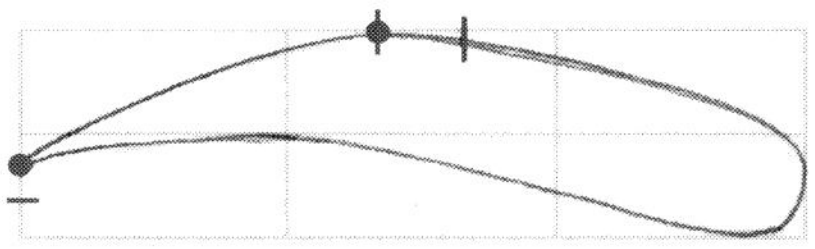

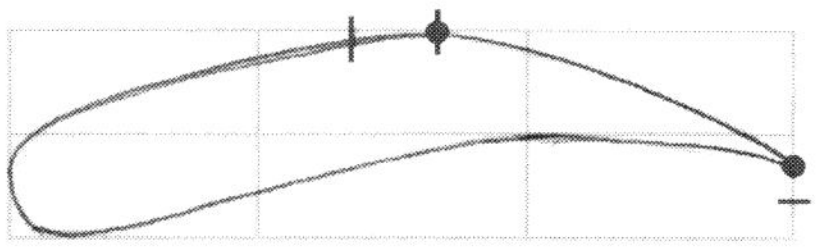

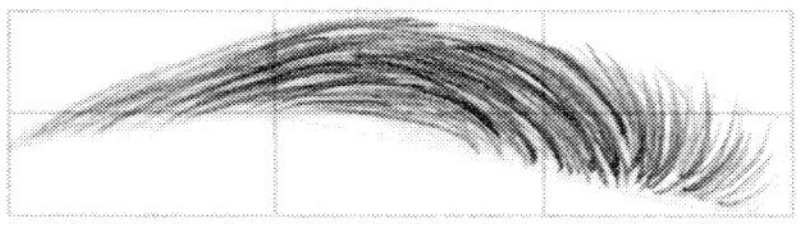

7. 여러가지 눈썹 패턴 연습

일자형 눈썹 : 동안형 얼굴 표현에 어울리는 형태, 긴 얼굴형을 보완하는데 적합하다.

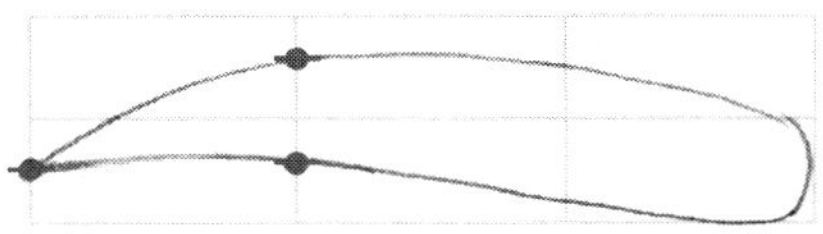

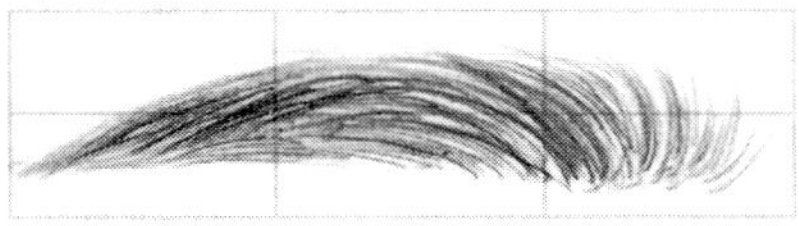

7. 여러가지 눈썹 패턴 연습

아치형 눈썹 : 우아하고 여성스러운 느낌을 주며 역삼각형 얼굴 보완에 적합하다.

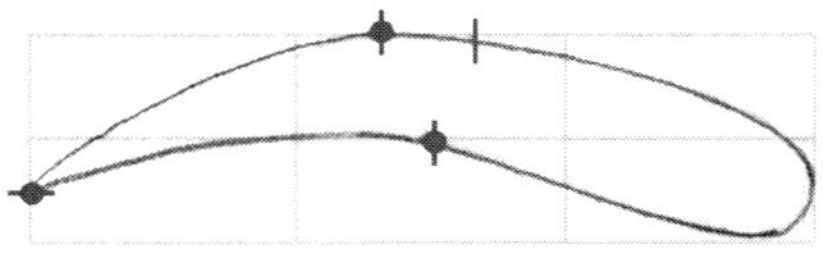

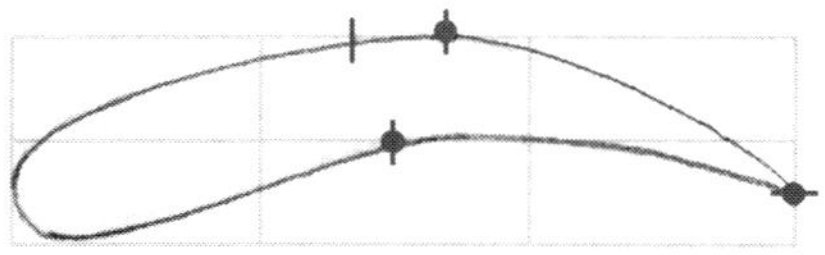

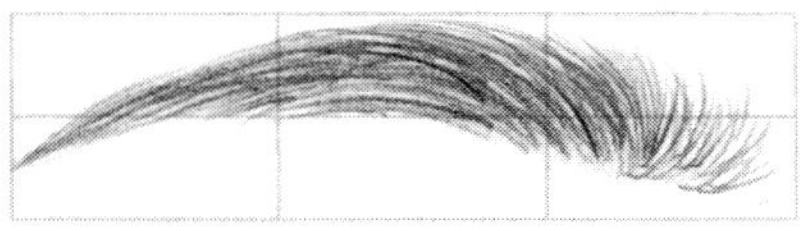

7. 여러가지 눈썹 패턴 연습

상승형 눈썹 : 활동적이며 지적인 분위기를 주며 둥근형 얼굴 보완에 적합하다.

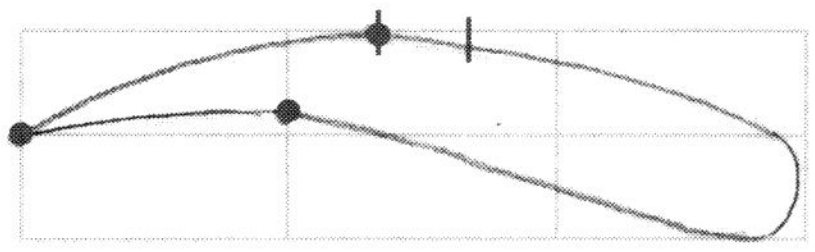

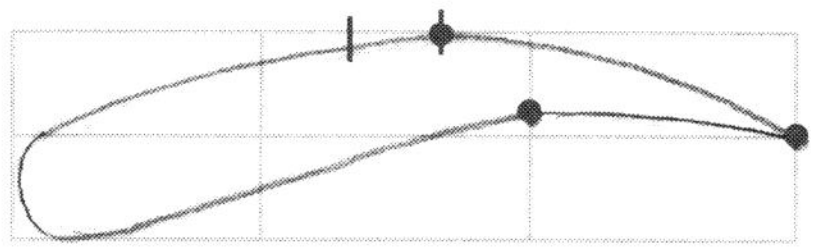

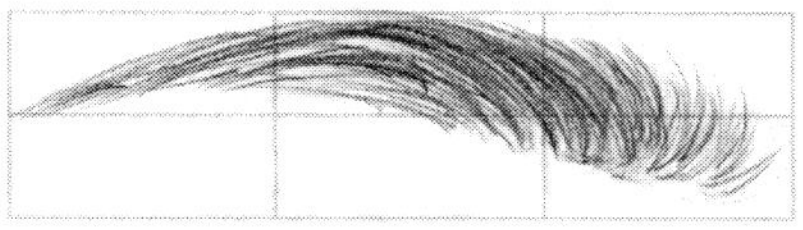

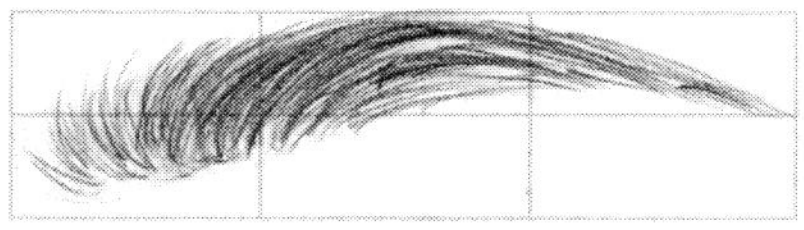

8. 아이쉐도우 테크닉 패턴 연습

아이쉐도우는 표현하고자 하는 메이크업 패턴의 이미지 형성에 가장 큰 영향을 준다.

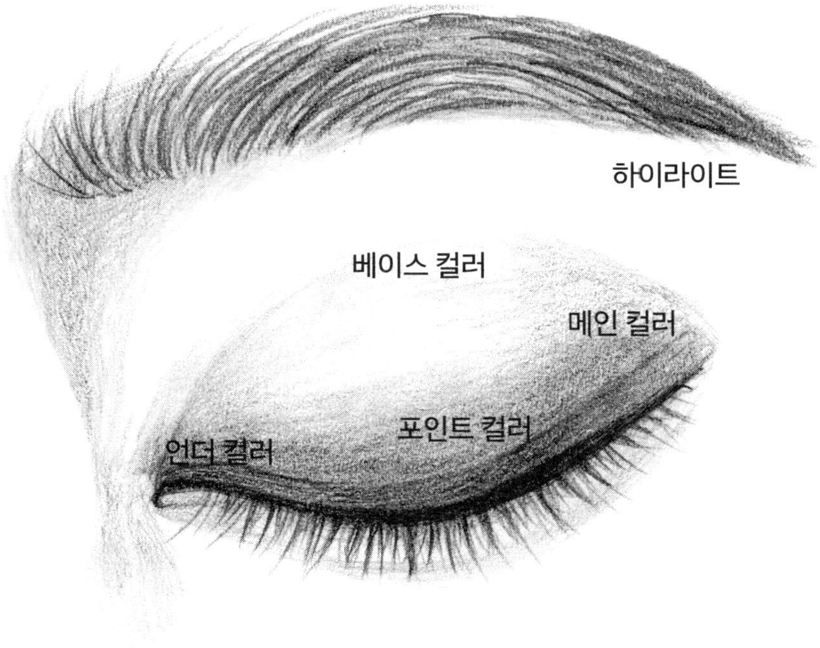

1. 베이스 컬러 : 음영을 주기 위에 눈두덩이 전체에 펴 바른다.
2. 메인 컬러 : 아이 메이크업의 중심 컬러로 포인트 컬러 주위와 아이홀까지 펴 바른다.
3. 포인트 컬러 : 눈매를 강조하기 위해 짙은 색을 발라 아이라인과 자연스럽게 연결되도록 한다.
4. 언더 컬러 : 눈꺼풀 아래에 메인 컬러와 비슷한 컬러로 음영과 색감을 주기 위해 펴 바른다.
5. 하이라이트 : 눈썹 뼈 부위에 흰색이나 아이보리 컬러를 바르면 돌출되어 보이는 효과를 줄 수 있다.

8. 아이쉐도우 테크닉 패턴 연습(뜬 눈)

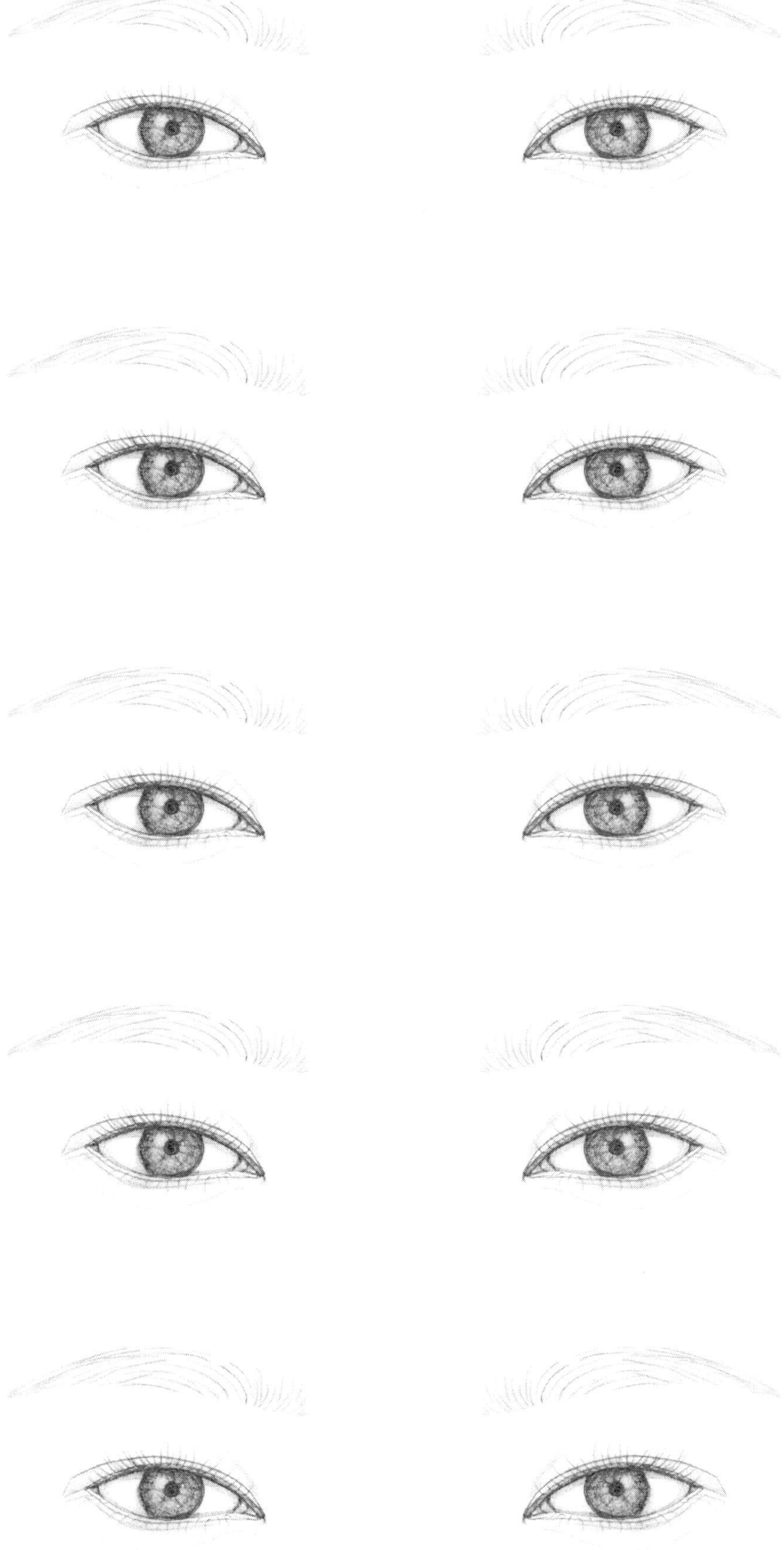

8. 아이쉐도우 테크닉 패턴 연습(뜬 눈)

8. 아이쉐도우 테크닉 패턴 연습(뜬 눈)

8. 아이쉐도우 테크닉 패턴 연습(감은 눈)

8. 아이쉐도우 테크닉 패턴 연습(감은 눈)

8. 아이쉐도우 테크닉 패턴 연습(감은 눈)

9. 립 패턴 연습

입은 사람의 표정을 결정하는 가장 중요한 부위로 입술의 볼륨감이나 입꼬리의 각도로 다양한 이미지 연출이 가능하다.

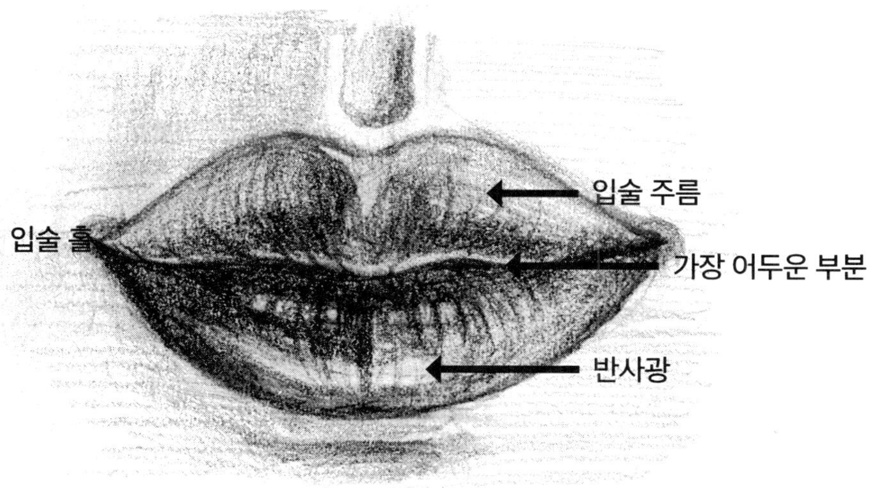

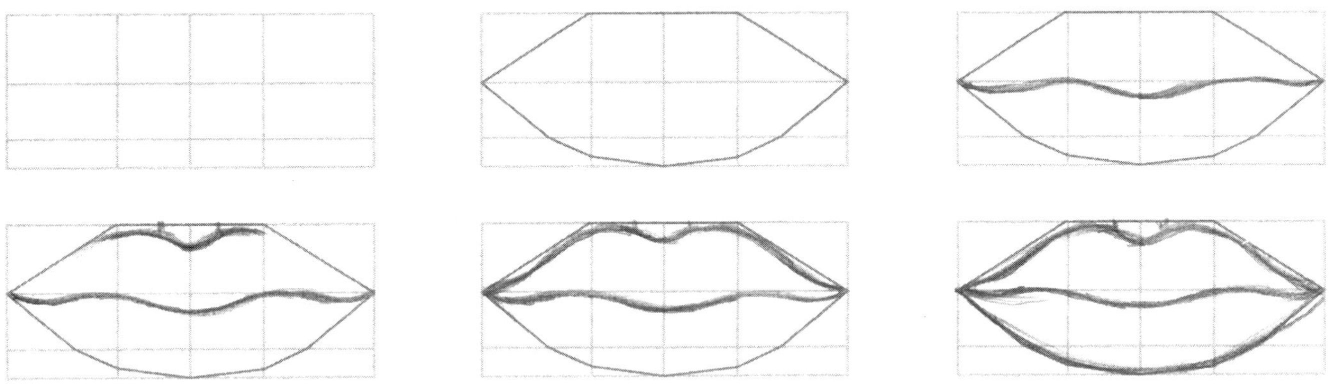

9. 립 패턴 연습

기본형 입술 그리기

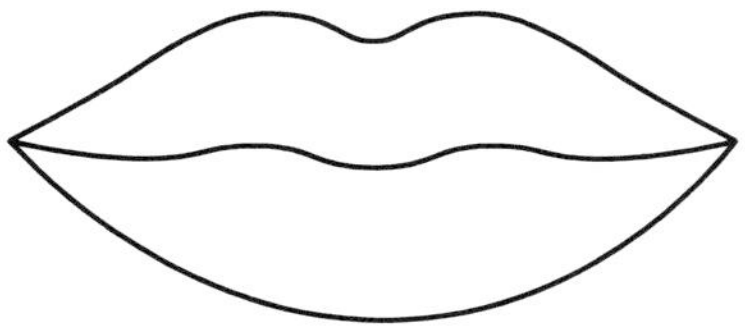

9. 립 패턴 연습

기본형 입술 그리기

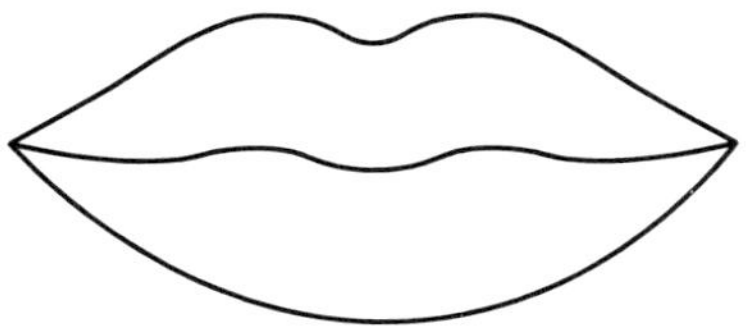

9. 립 패턴 연습

아웃 커브 : 얇은 입술 보정

인 커브 : 두꺼운 입술 보정

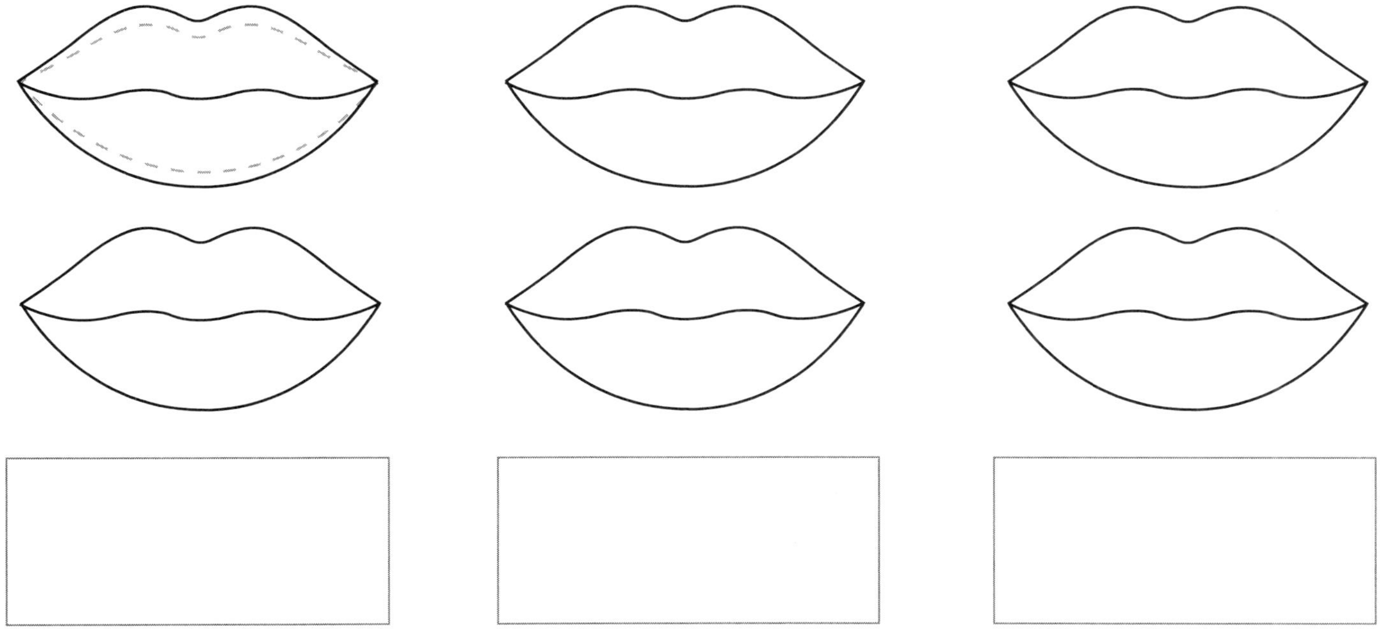

9. 립 패턴 연습

아웃 커브 : 얇은 입술 보정

인 커브 : 두꺼운 입술 보정

10. 페이스 메이크업 패턴

Date	Sign	Eye Make-up
Concept		
Base Make-up		Lip
		Cheek

Date	Sign
Concept	
Base Make-up	

Eye Make-up

Lip

Cheek

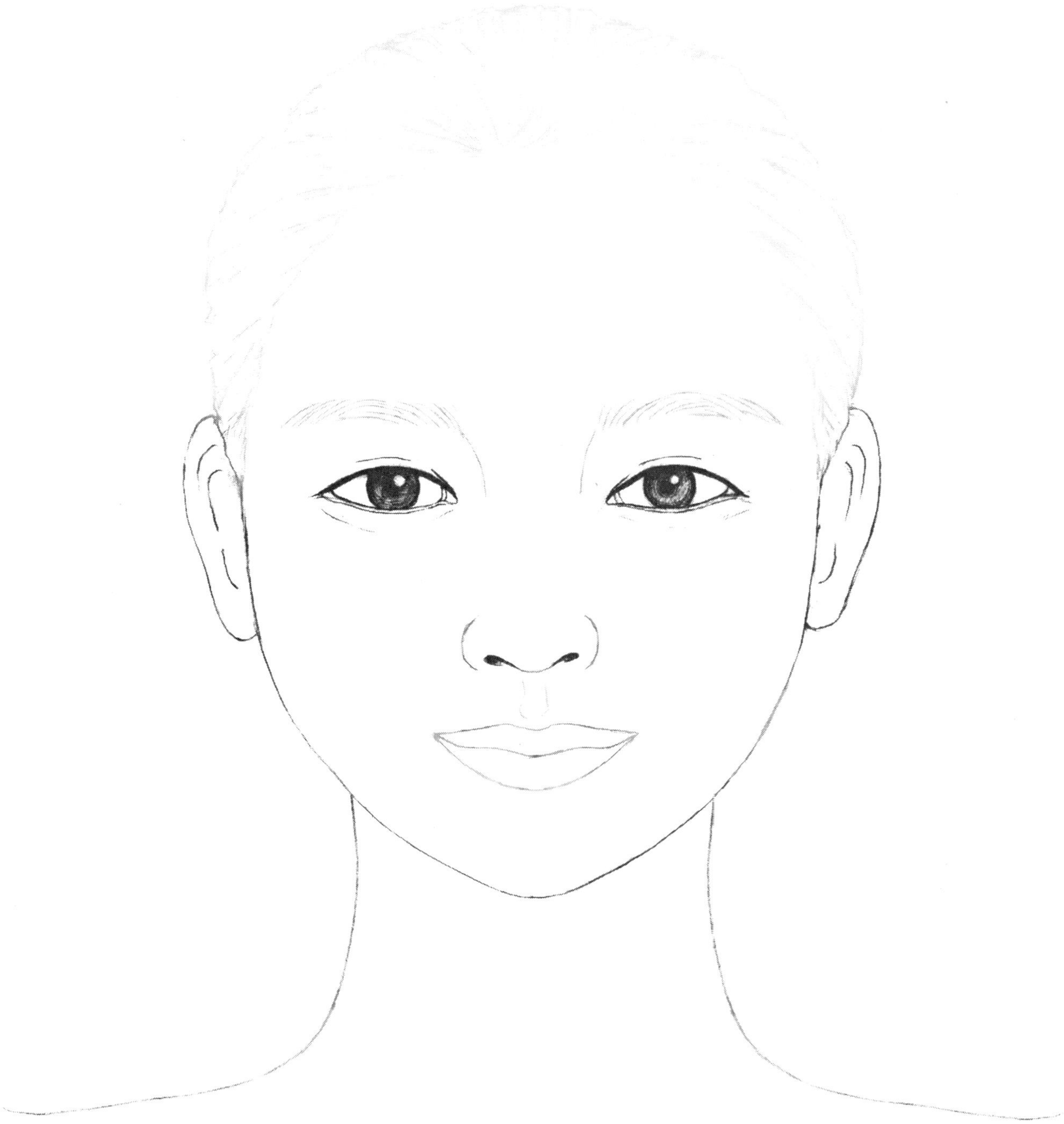

Date	Sign
Concept	
Base Make-up	

Eye Make-up
Lip
Cheek

Date	Sign
Concept	
Base Make-up	

Eye Make-up
Lip
Cheek

Date	Sign	Eye Make-up
Concept		
Base Make-up		Lip
		Cheek

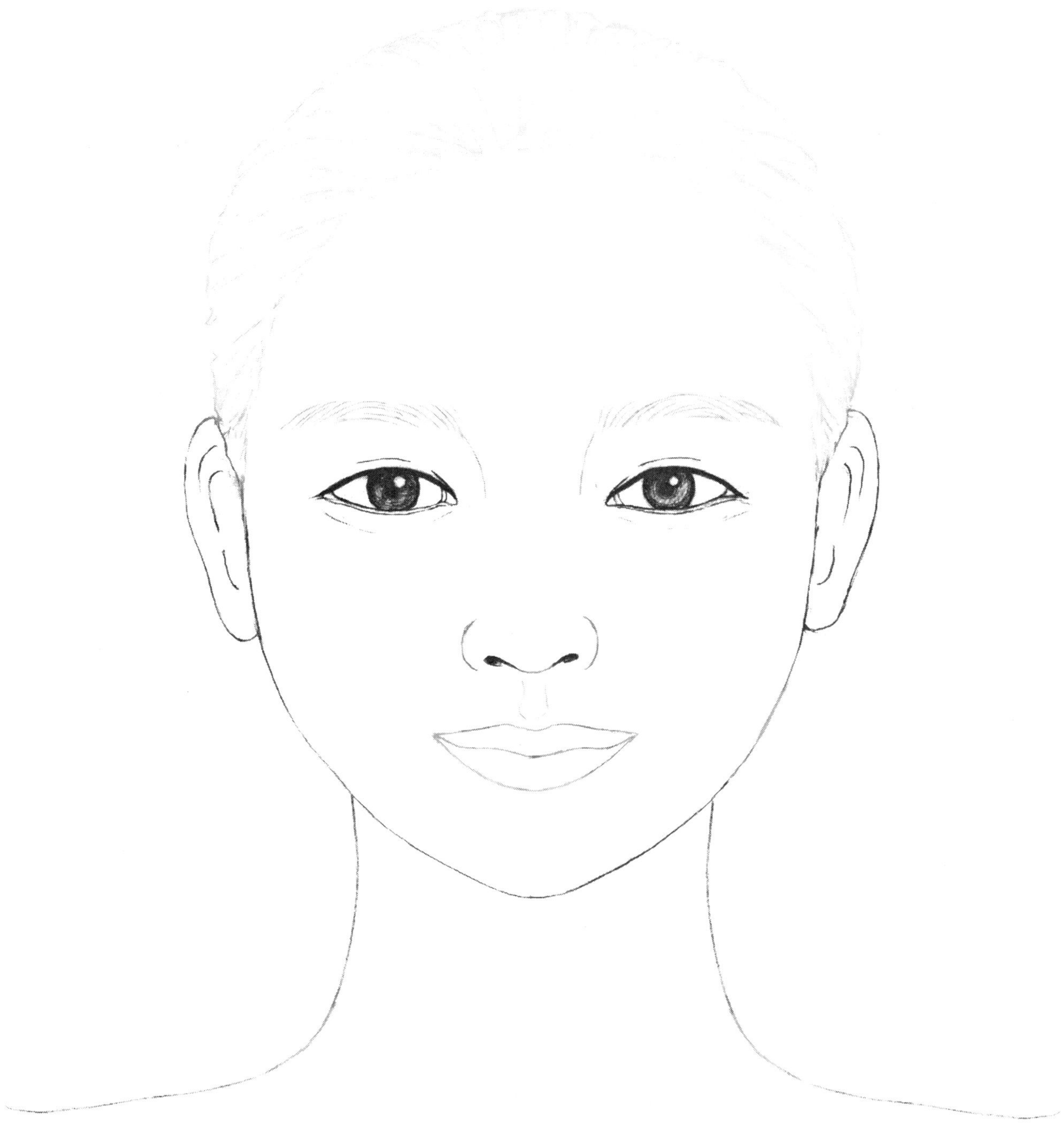

Date	Sign	Eye Make-up
Concept		
Base Make-up		Lip
		Cheek

Date	Sign	Eye Make-up
Concept		
Base Make-up		Lip
		Cheek

Date	Sign
Concept	
Base Make-up	

Eye Make-up
Lip
Cheek

Date	Sign	Eye Make-up
Concept		
Base Make-up		Lip
		Cheek

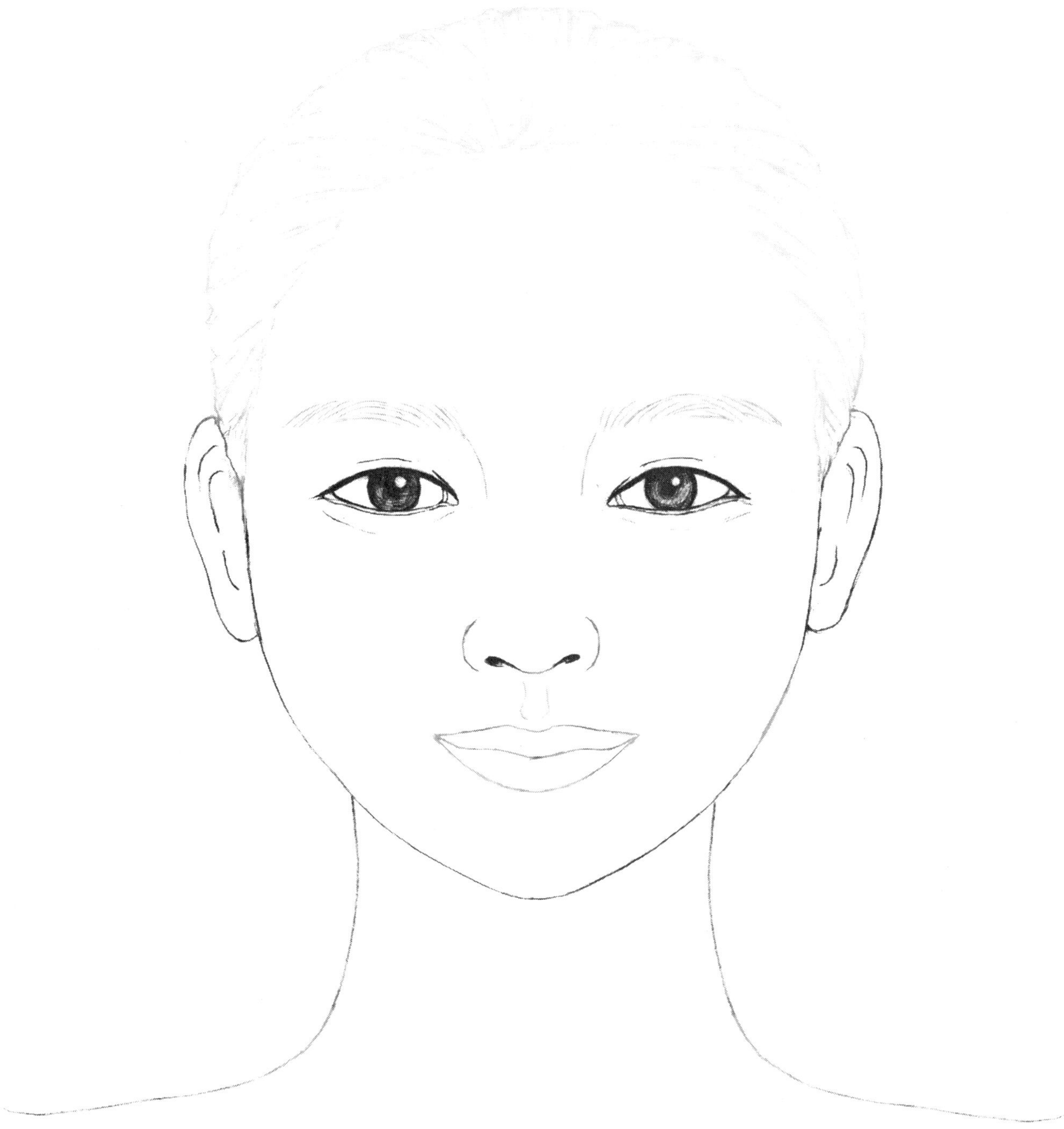

Date	Sign	Eye Make-up
Concept		
Base Make-up		Lip
		Cheek

Date	Sign
Concept	
Base Make-up	

Eye Make-up
Lip
Cheek

Date	Sign	Eye Make-up
Concept		
Base Make-up		Lip
		Cheek

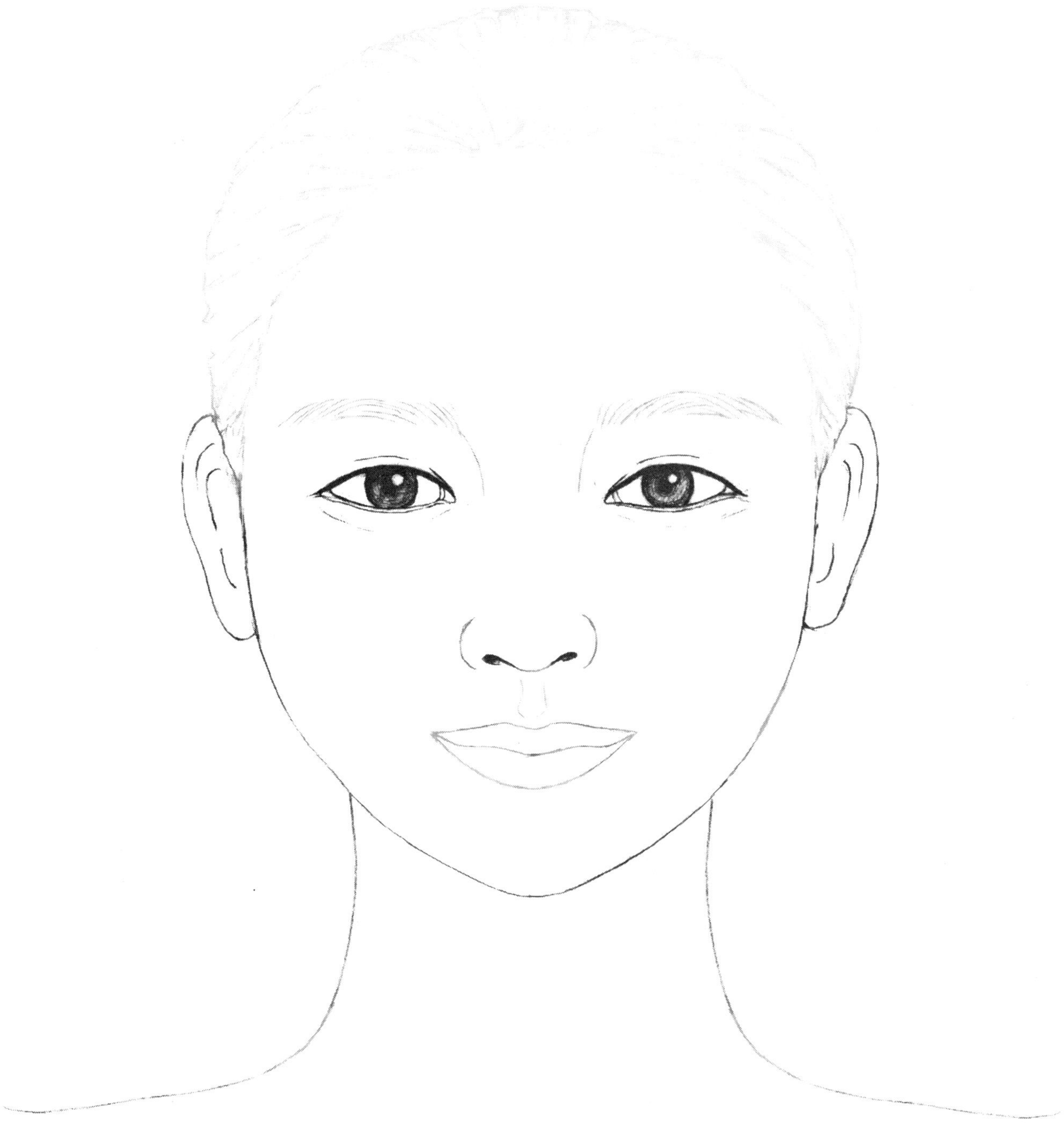

Date Sign

Concept

Base Make-up

Eye Make-up

Lip

Cheek

Date	Sign	Eye Make-up
Concept		
Base Make-up		Lip
		Cheek

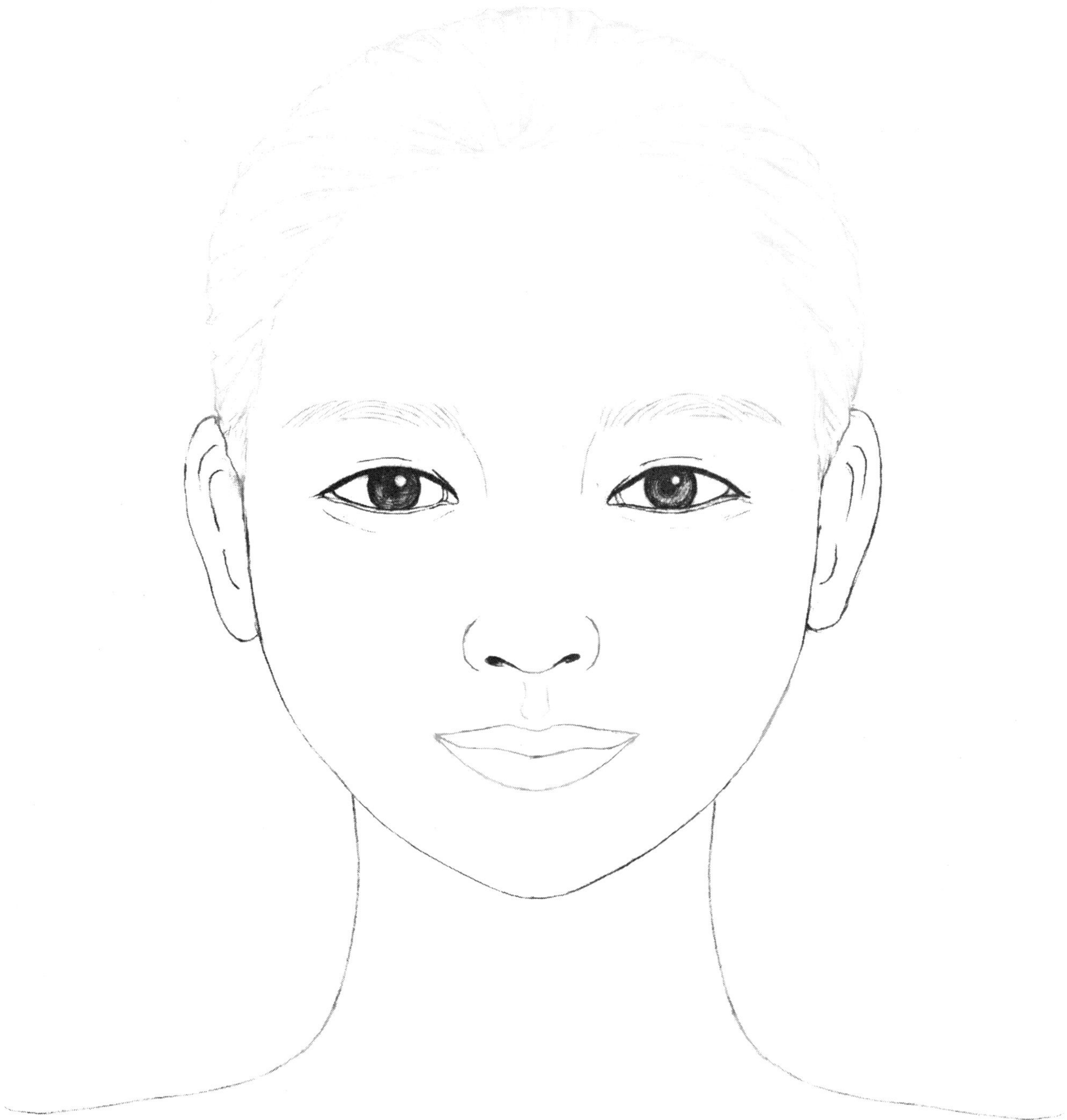

Date	Sign	Eye Make-up
Concept		
Base Make-up		Lip
		Cheek

11. 판타지 메이크업 패턴

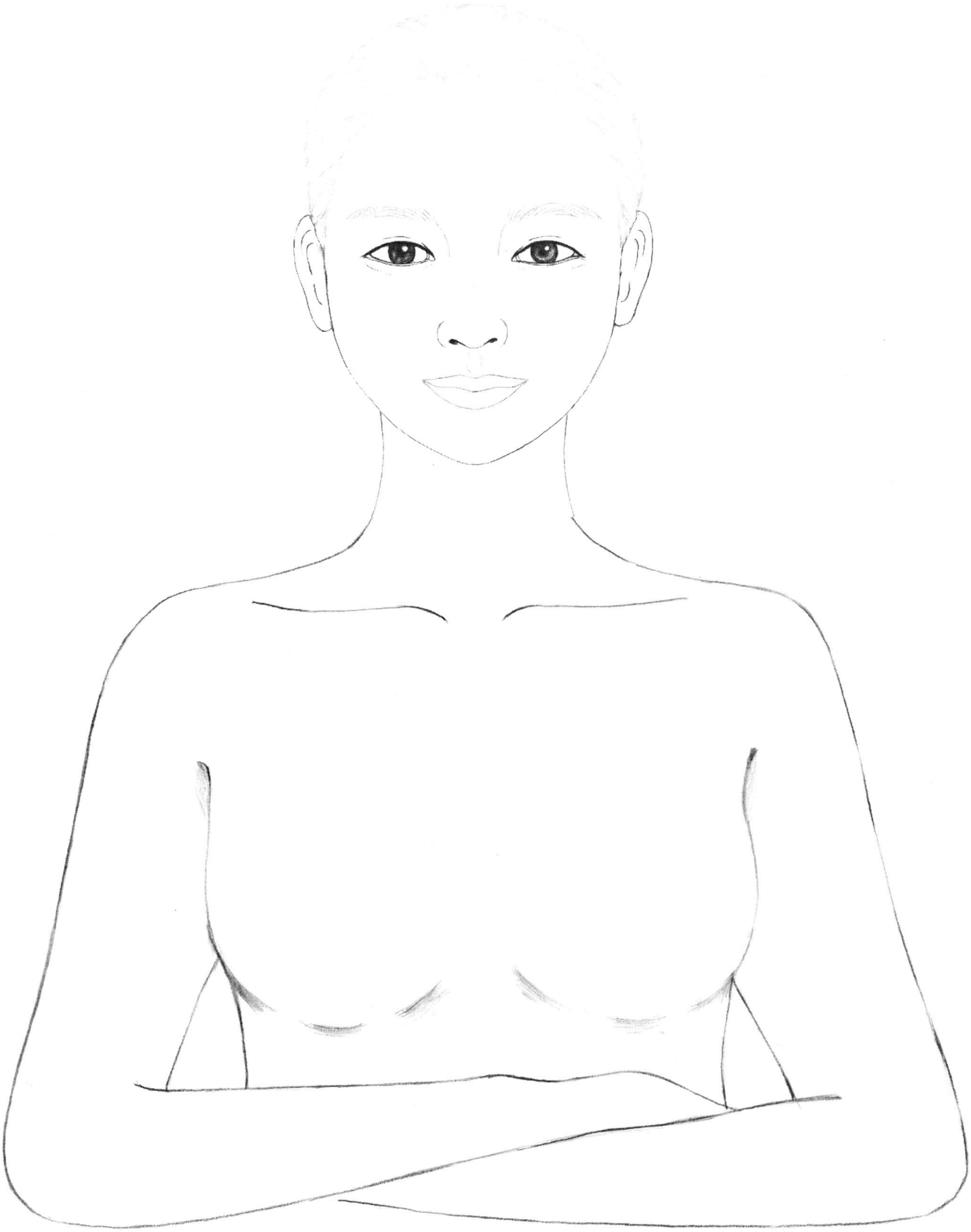

11. 판타지 메이크업 패턴

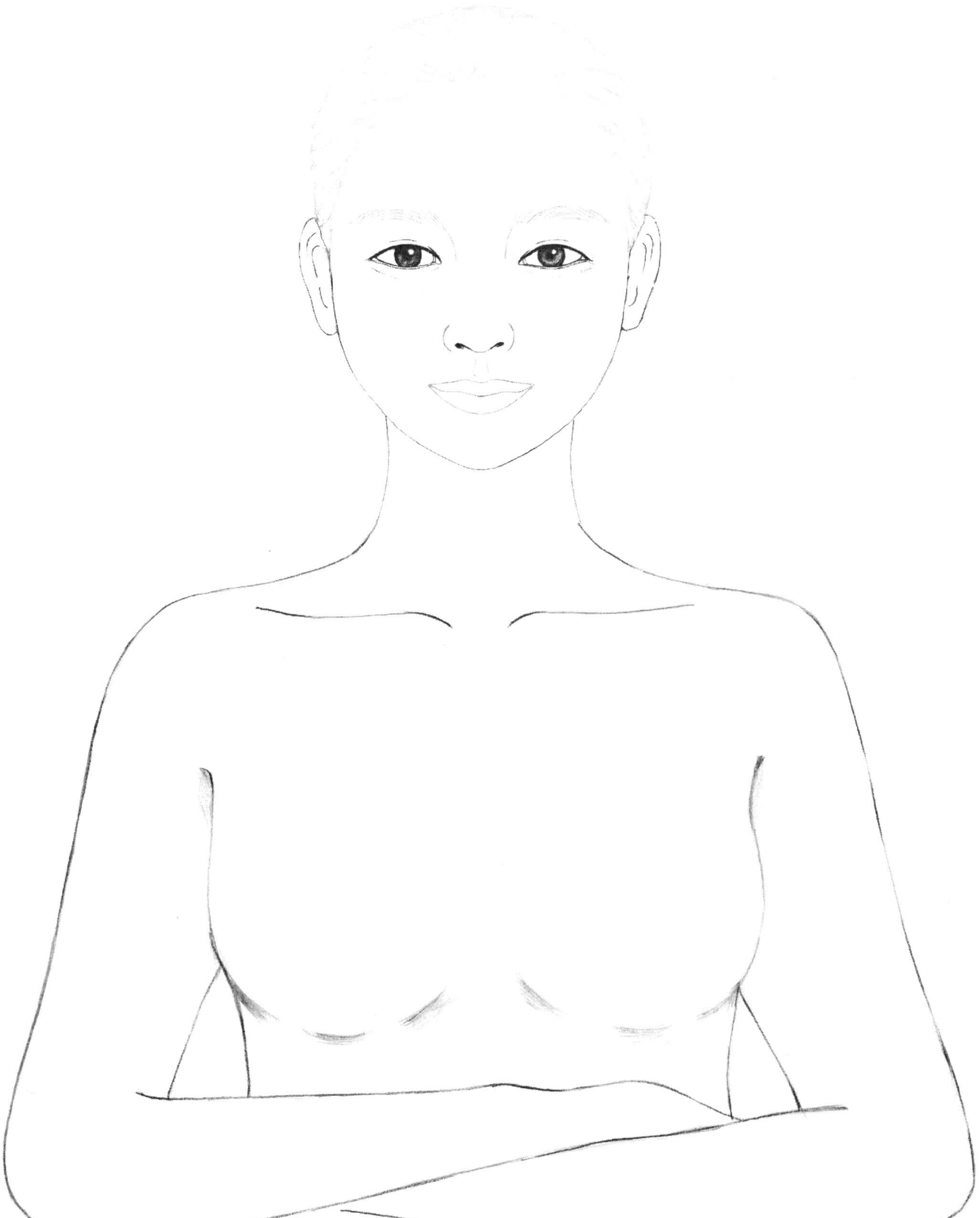

11. 판타지 메이크업 패턴

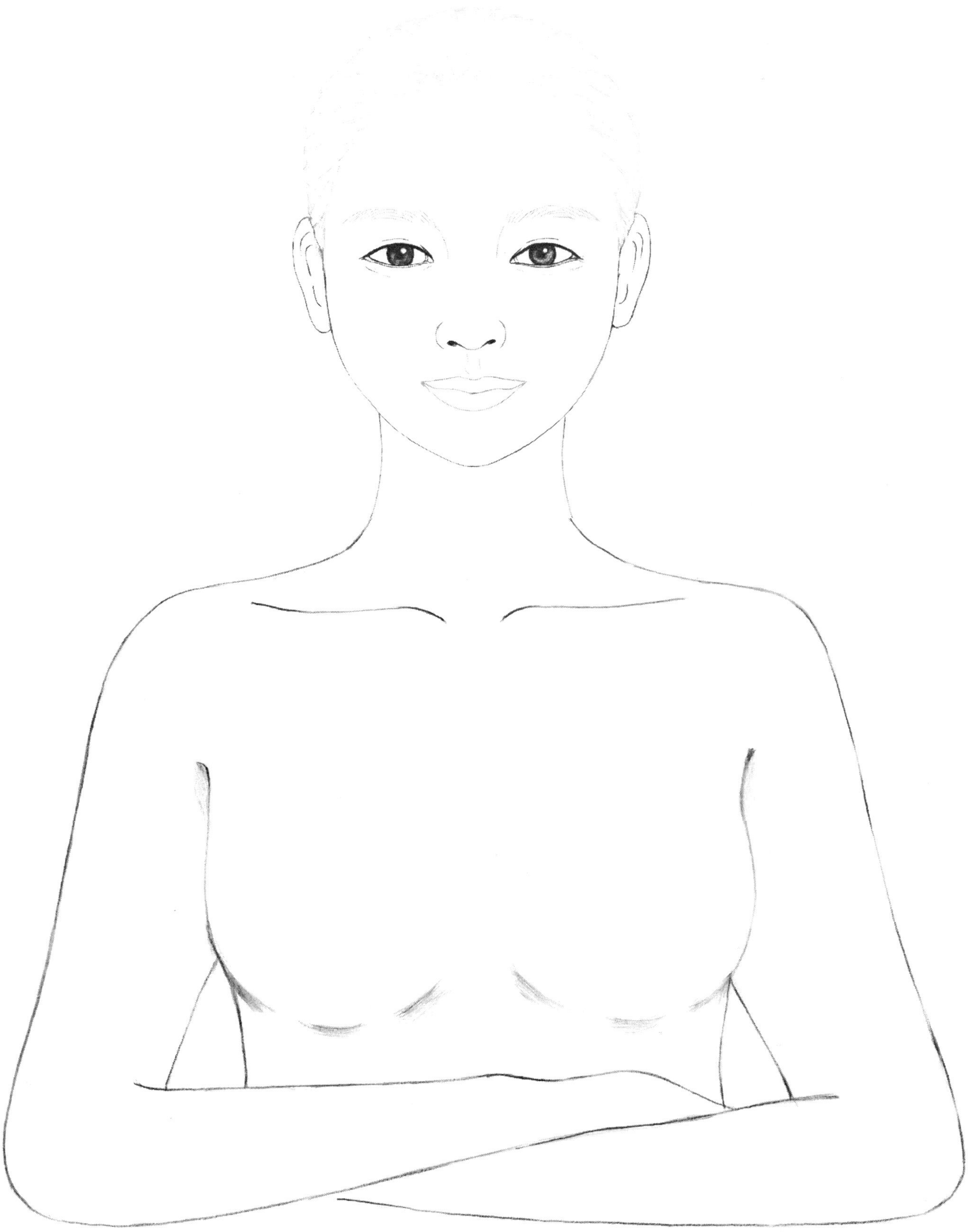

11. 판타지 메이크업 패턴

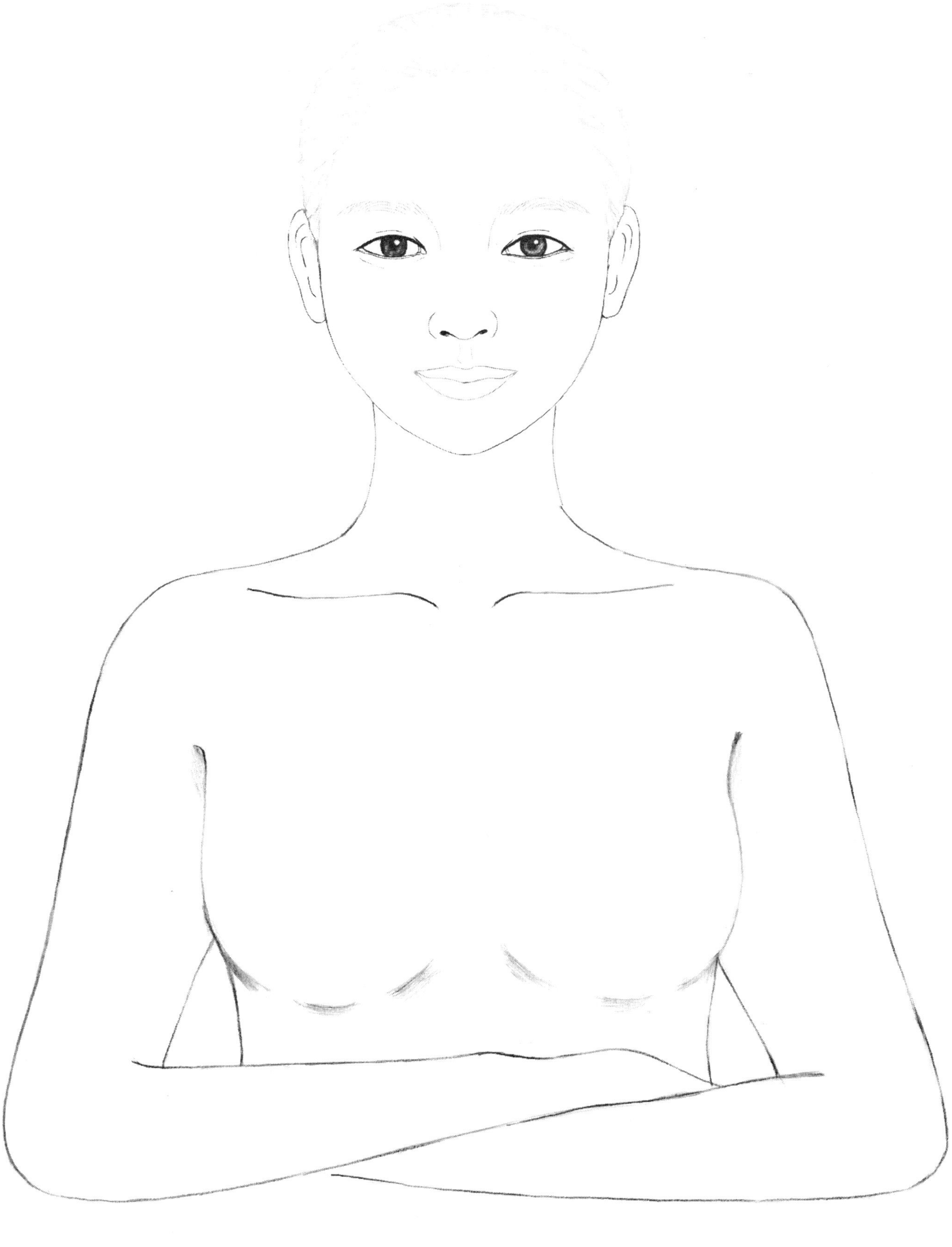

11. 판타지 메이크업 패턴

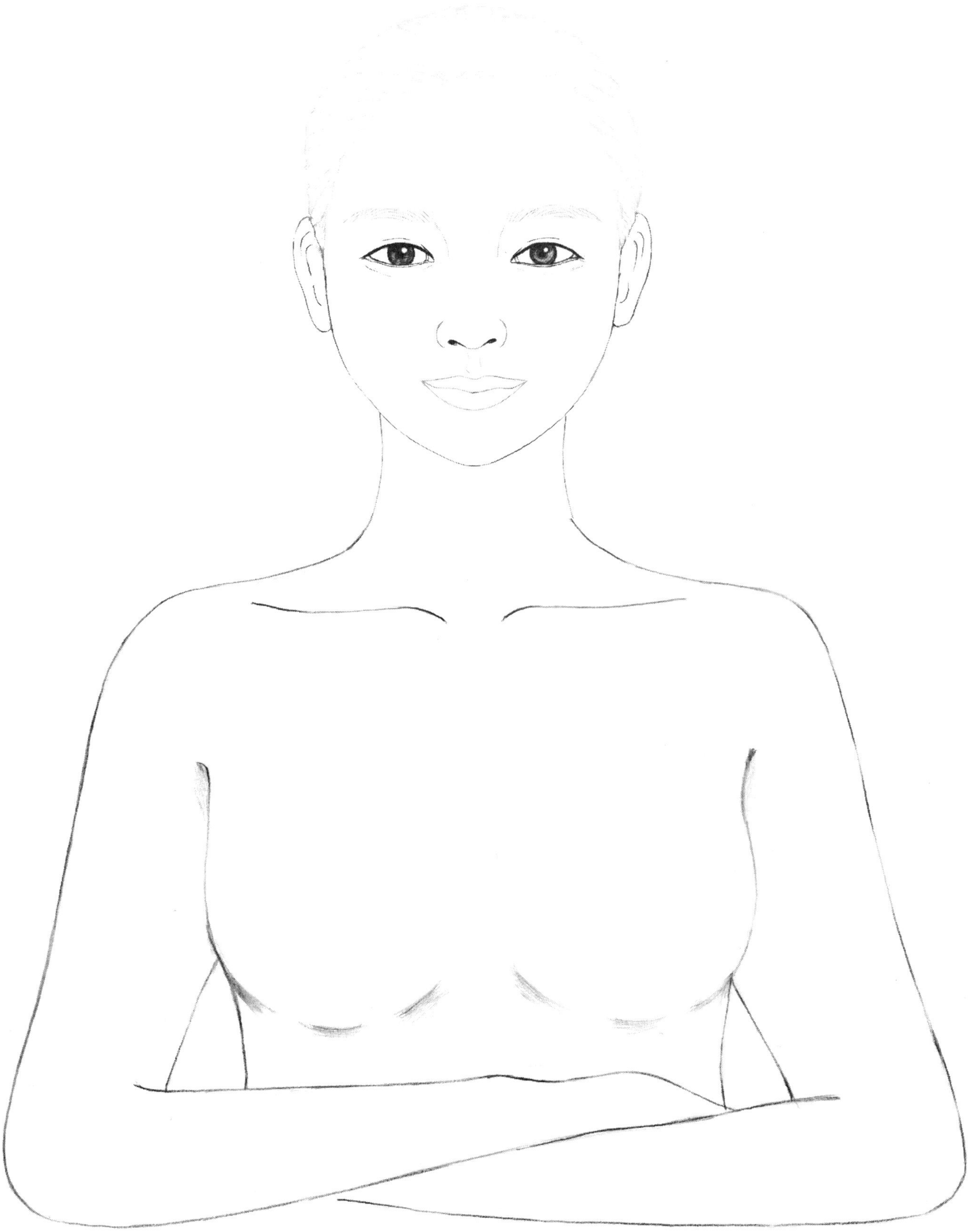

12. 바디페인팅 패턴

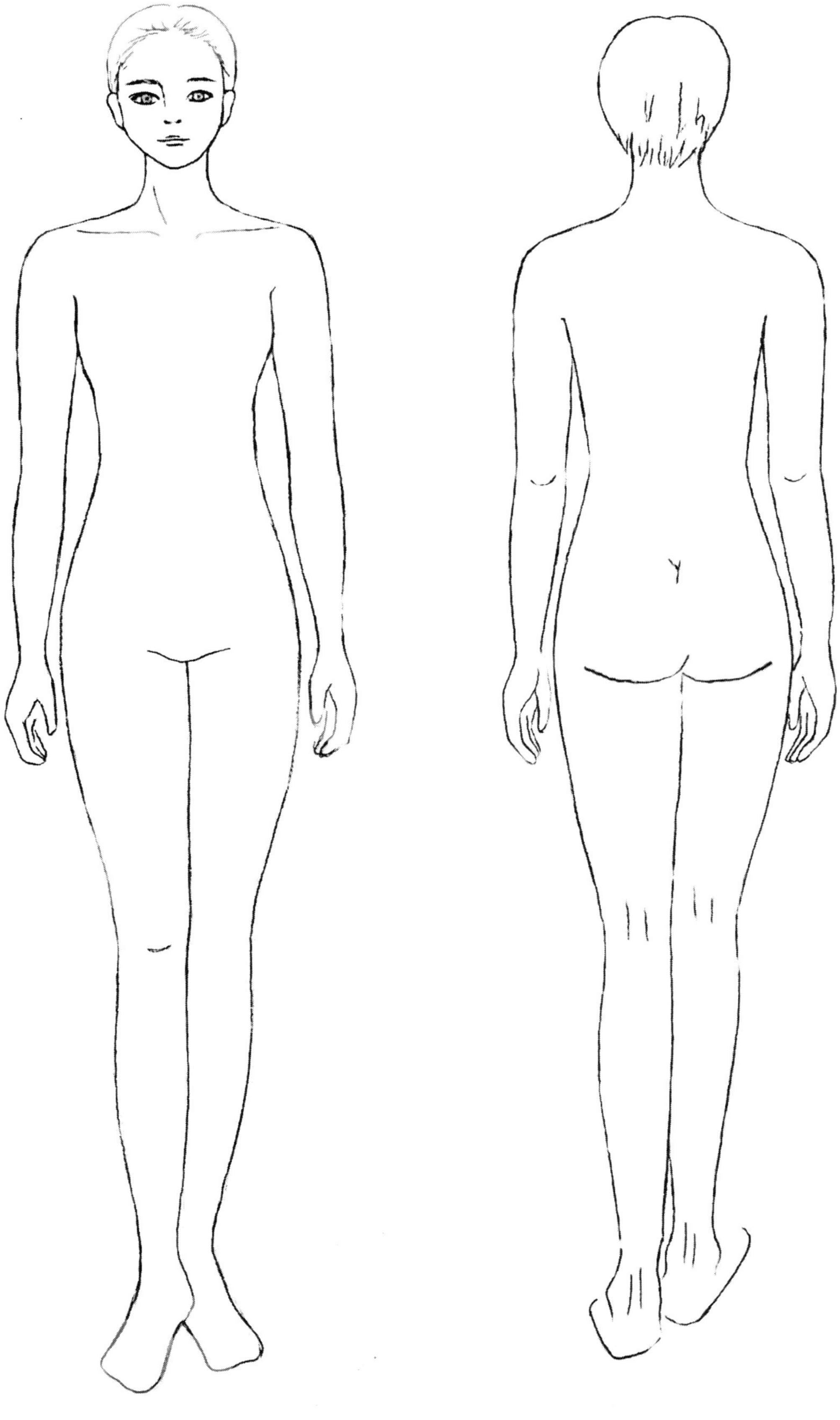

12. 바디페인팅 패턴

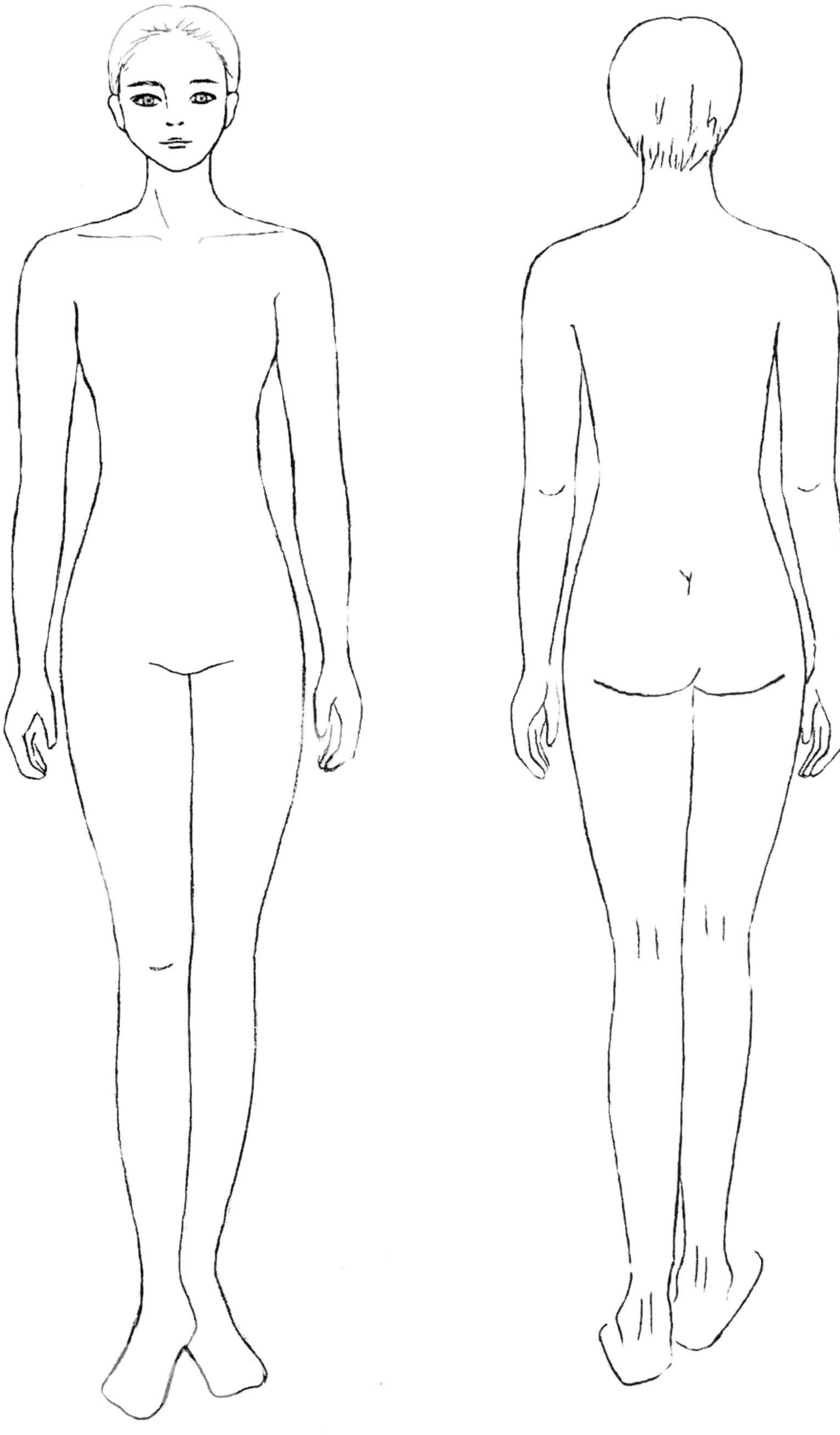

12. 바디페인팅 패턴

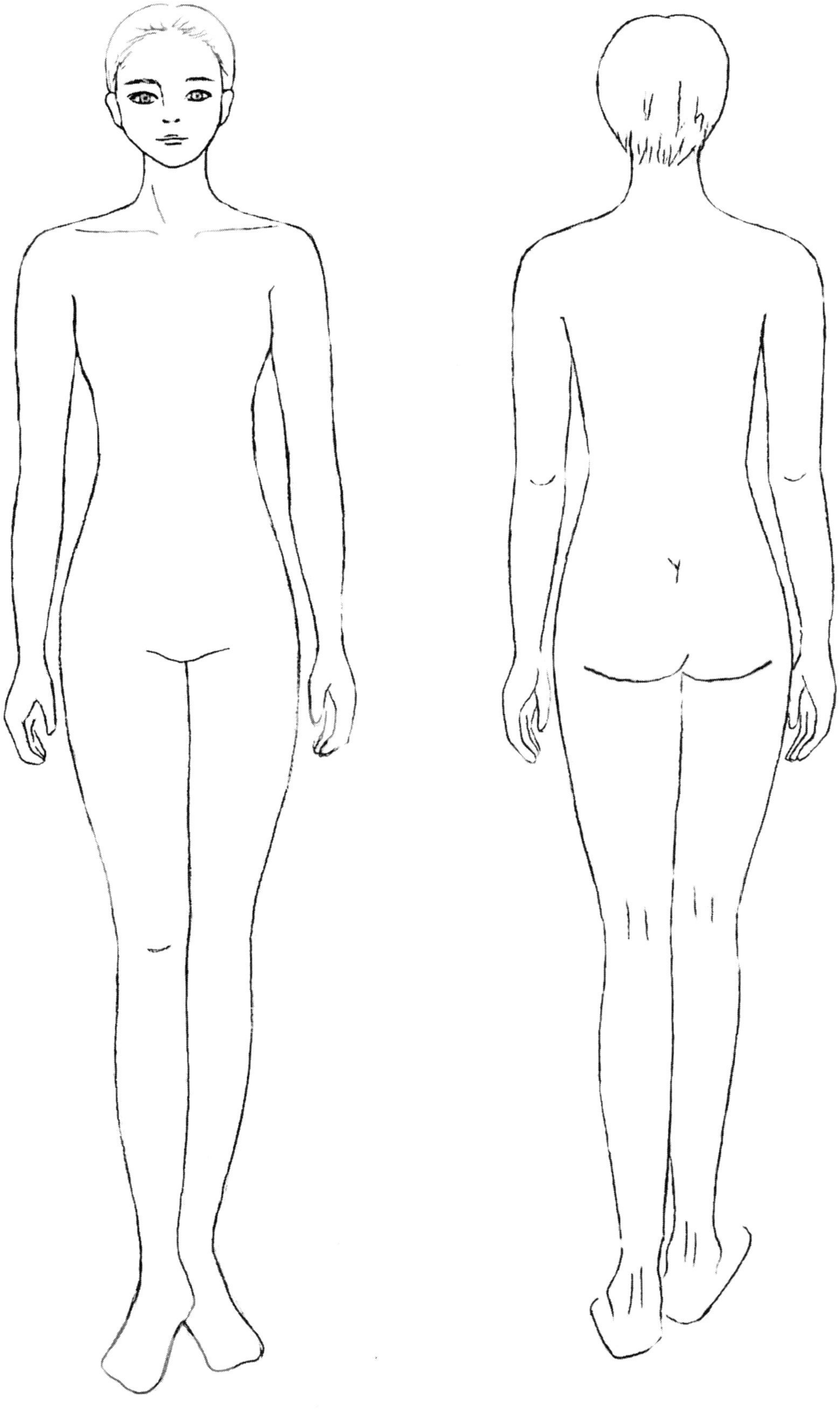

12. 바디페인팅 패턴

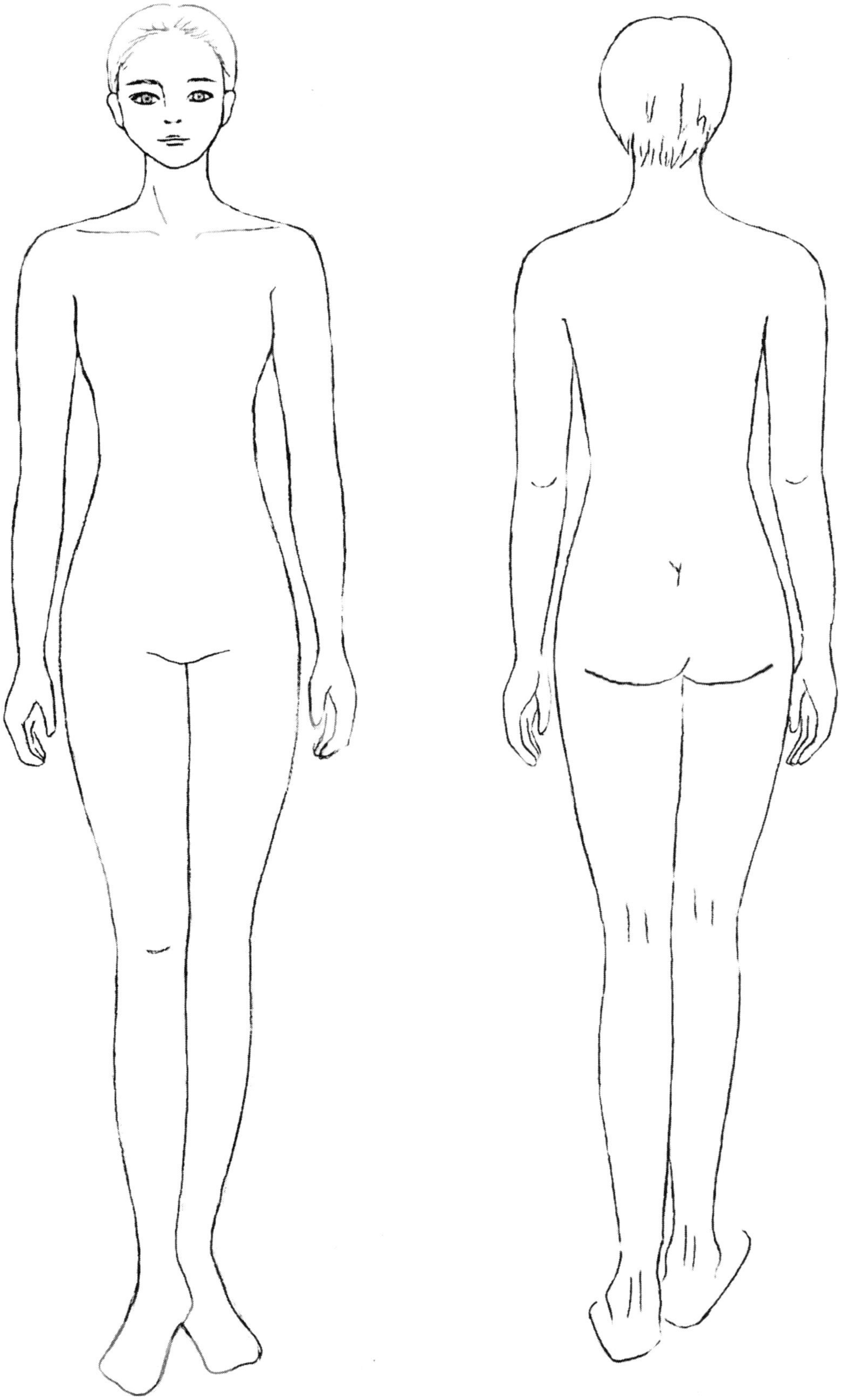

12. 바디페인팅 패턴

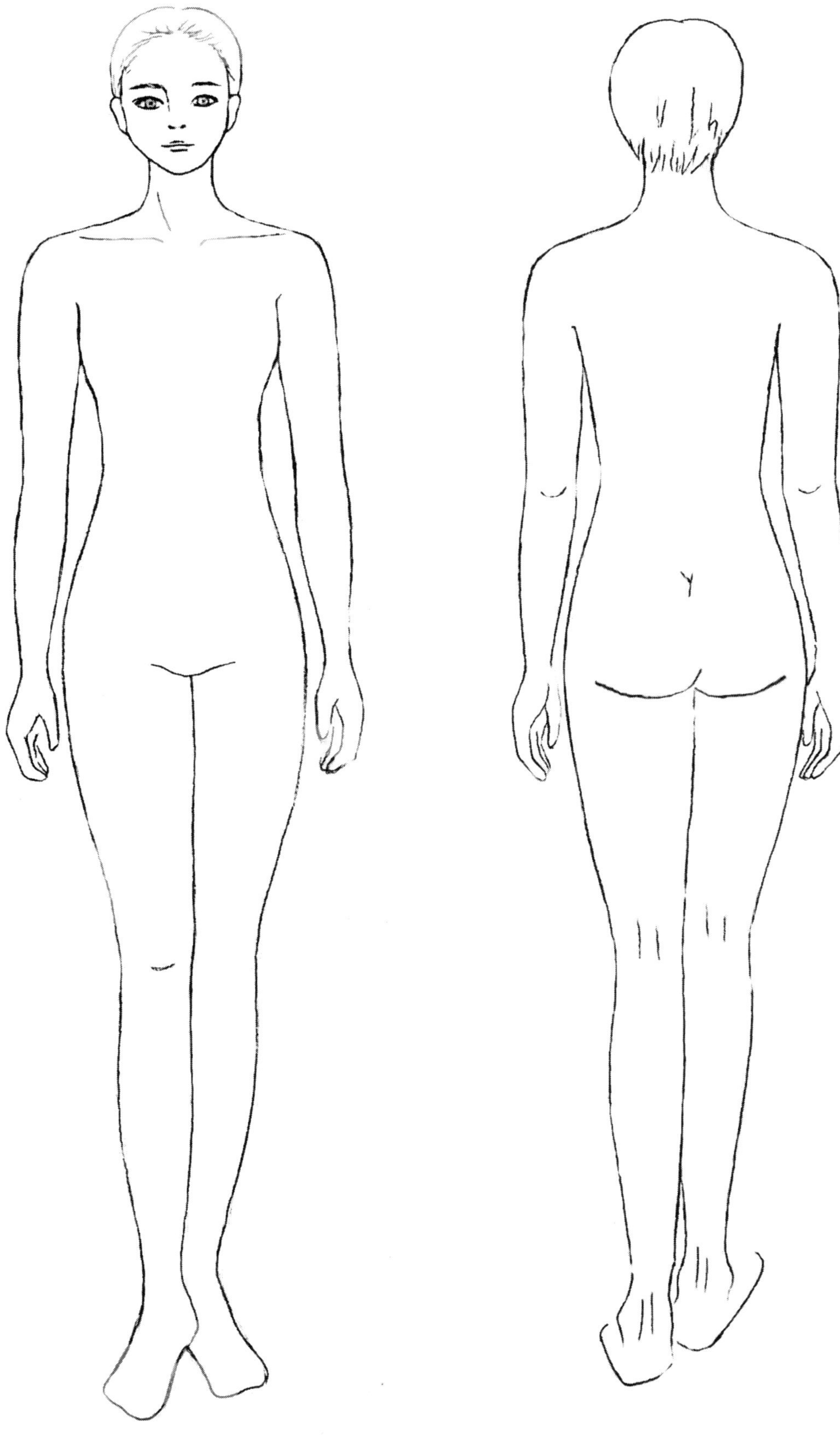

Make up Pattern Book

2020년 2월 25일 초판발행
2021년 4월 15일 2판발행
2025년 3월 25일 2판2쇄발행

지은이 : 권태신, 유희은
펴낸이 : 이상태
펴낸곳 : 청구문화사
주 소 : (03706) 서울특별시 서대문구 성산로11길 15
전 화 : 02-332-0541(代)
전 송 : 02-337-9577
등 록 : 1990년 11월 2일 제9-247호

가격 15,000원

ISBN 978-89-5616-860-9 93590